U0297828

「十四五」时期国家重点出版物出版专项规划项目

玉润弥香·玉米

赵云平　编著

南京出版传媒集团
南京出版社

图书在版编目（CIP）数据

玉润弥香·玉米 / 赵云平编著. -- 南京：南京出版社, 2022.06
（中国饭碗）
ISBN 978-7-5533-3438-7

Ⅰ.①玉… Ⅱ.①赵… Ⅲ.①玉米—青少年读物
Ⅳ.①S513-49

中国版本图书馆CIP数据核字（2021）第212414号

丛 书 名　"中国饭碗"丛书
丛书主编　师高民
书　　名　玉润弥香·玉米
作　　者　赵云平
绘　　图　林　隧
插　　画　任鹏飞
出版发行　南京出版传媒集团
　　　　　南 京 出 版 社
　　社址：南京市太平门街53号　　邮编：210016
　　网址：http://www.njcbs.cn　　电子信箱：njcbs1988@163.com
　　联系电话：025-83283893、83283864（营销）　025-83112257（编务）

出 版 人　项晓宁
出 品 人　卢海鸣
责任编辑　孙前超
装帧设计　赵海玥　王　俊
责任印制　杨福彬

制　　版　南京新华丰制版有限公司
印　　刷　南京凯德印刷有限公司
开　　本　787毫米×1092毫米　1/32
印　　张　4.75
字　　数　70千
版　　次　2022年6月第1版
印　　次　2024年10月第2次印刷
书　　号　ISBN 978-7-5533-3438-7
定　　价　28.00元

用微信或京东
APP扫码购书

用淘宝APP
扫码购书

编委会

特邀顾问

郤建伟　戚世钧　卞　科　刘志军　李成伟　李学雷
洪光住　曹幸穗　任高堂　李景阳　何东平　郑邦山
李志富　王云龙　娄源功　刘红霞　李经谋　常兰州
胡同胜　惠富平　魏永平　苏士利　黄维兵　傅　宏

主编单位

河南工业大学　　　　　　　中国粮食博物馆

支持单位

中国农业博物馆　　　　　　银川市粮食和物资储备局
西北农林科技大学　　　　　沈阳师范大学
隆平水稻博物馆　　　　　　中国农业大学
南京农业大学　　　　　　　武汉轻工大学
苏州农业职业技术学院　　　洛阳理工学院

总序

　　"Food for All"（人皆有食），这是联合国粮食及农业组织的目标，也是全球每位公民的梦想。承蒙南京出版社的厚爱，我有幸主编"中国饭碗"丛书，深感责任重大！

　　"中国饭碗"丛书是根据习近平总书记"中国人的饭碗任何时候都要牢牢端在自己手中，我们的饭碗应该主要装中国粮"的重要指示精神而立题，将众多粮食品种分别著述并进行系统组合的系列丛书。

　　粮食，古时行道曰粮，止居曰食。无论行与止，人类都离不开粮食。它眷顾人类，庇佑生灵。悠远时代的人们尊称粮食为"民天"，彰显芸芸众生对生存物质的无比敬畏，传达宇宙间天人合一的生命礼赞。从洪荒初辟到文明演变，作为极致崇拜的神圣图腾，人们对它有着至高无上的情感认同和生命寄托。恢宏厚重的人类文明中，它见证了风雨兼程的峥嵘岁月，记录下人世间纷纭精彩的沧桑变迁。粮食发展的轨迹无疑是人类发展的主线。中华民族几千年农耕文明进程中，笃志开拓，筚路蓝缕，奉行民以食为天的崇高理念，辛勤耕耘，力田为生，祈望风调雨顺，粮丰廪实，向往山河无恙，岁月静好，为端好养育自己的饭碗抒写了一篇篇波澜壮阔的辉煌史诗。香火旺盛的粮食家族，饱经风雨沧桑，产生了众多优秀成员。它们不断繁衍，形成了多姿多彩的粮食王国。"中国饭碗"丛书就是记录这些艰难却美好的文化故事。

我国古代曾以"五谷"作为全部粮食的统称，主要有黍、稷、菽、麦、稻、麻等，后在不同的语境中出现了多种版本。在文明的交流融江中，各种粮食品种从中东、拉美和中国逐步播撒五洲，惠泽八方。现在人们广泛称谓的粮食是指供食用的各种植物种子的总称。

随着人类社会的发展、科技的进步和人们对各种植物的进一步认识，粮食的品种越来越多。目前，按照粮食的植物属性，可分为草本粮食和木本粮食，比如，水稻、小麦、大豆等属于草本粮食；核桃、大枣、板栗等则是木本粮食的代表。按照粮食的实用性划分，有直接食用的粮食，比如，小麦、水稻、玉米等；也有间接食用的粮食，比如说油料粮食，包括油菜籽、花生、葵花籽、芝麻等。凡此，粮食种类不下百种，这使得"中国饭碗"丛书在题材选取过程中颇有踌躇。联合国粮食及农业组织（FAO）指定的四种主粮作物首先要写，然后根据各种粮食的产量大小和与社会生活的密切程度进行选择。丛书依循三类粮食（即草本粮食、木本粮食和油料粮食）兼顾选题。

对于丛书的内容策划，总体思路是将每种粮食从历史到现代，从种植到食用，从功用到文化，叙写各种粮食的发源、传播、进化、成长、布局、产能、生物结构、营养成分、储藏、加工、产品以及对人类和社会发展的文化影响等。在图书表现形式上，力求图文并茂，每本书创作一个或数个卡通角色，贯穿全书始终，提高其艺术性、故事性和趣味性，以适合更大范围的读者群体。力图用一本书相对完整地表达一种粮食的复杂身世和文化影响，为人们认识粮食、敬畏粮食、发展粮食、珍惜粮食，实现对美好生活的向往，贡献一份力量。

凡益之道，与时偕行。进入新时代，中国人民更加关注食物的营养与健康，既要吃得饱，更要吃得好、吃得放心。改革开放以来，我国的粮食产量不断迈上新台阶，2021年，粮食总产量已连续7年保持在1.3万亿斤以上。我国以占世界7%的土地，生产出世界20%的粮食。处丰思歉，居安思危。在珍馐美食和饕餮盛宴背后，出现的一些奢靡浪费现象也令人触目惊心。恣意挥霍和产后储运加工等环节损失的粮食，全国每年就达1000亿斤以上，可供3.5亿人吃一年。全世界每年损失和浪费的粮食数量多达13亿吨，近乎全球产量的三分之一。"一粥一饭，当思来之不易；半丝半缕，恒念物力维艰。"发展生产，节约减损，抑制不良的消费冲动，正成为全社会的共识和行动纲领。

"春种一粒粟，秋收万颗籽"，粮食忠实地眷顾着人类，人们幸运地领受着粮食给予的充实与安宁。敬畏粮食就是遵守人类心灵的律法。感恩、关注、发展、爱惜粮食，世界才会祥和美好，人类才会幸福生活。我们在陶醉于粮食恩赐的种种福利时，更要直面风云激荡中的潜在危机和挑战。历朝历代政府都把粮食作为维系国计民生的首要战略目标，制定了诸多重粮贵粟的政策法规，激励并保护粮食的生产流通和发展。行之有效的粮政制度发挥了稳邦安民的重要作用，成为社会进步的强大动力和保障。保证粮食安全，始终是国家安全重要的题中之义。

国以民为本，民以食为天。在习近平新时代中国特色社会主义思想指引下，全国数十位专家学者不忘初心、精雕细琢，全力将"中国饭碗"丛书打造成为一套集历史性、科技性、艺术性、趣味性为一体，适合社会大众特别是中小学生阅读的粮食文化科普读物。希望这套丛书有助于人们牢固树立总体国家安全观，深入实施国家粮食安全战略，进一步加强粮食生产能力、储备能力、流通能力建设，推动粮食产业高质量发展，提高国家粮食安全保障能力，铸造人们永世安康的"铁饭碗""金饭碗"！

师高民

（作者系中国粮食博物馆馆长、中国高校博物馆专业委员会副主任委员、河南省首席科普专家、河南工业大学教授）

前言

　　玉米在粮食中的地位无可替代，它是造物的杰作、自然的恩赐。宽泛的生长环境要求、较短的生长期、较高的亩产是玉米得以迅速推广的主因；丰富的营养成分、不断扩大的应用范围、全身是宝的特质是玉米深受人类喜爱的资本。玉米作为三大主粮之一，在中国人的饭碗中占有重要一席之地。就其总产能而言，也可以把玉米称为中国的"第一主粮"。

　　玉米不仅作为主要口粮制作种类多样的美食丰富人们的餐桌，还是生产动物饲料、淀粉糖、胚芽油的主要原料。不断升级的玉米加工、再加工技术，使得玉米在保健、医疗等领域的应用也有长足发展。玉米的种植驯化蕴含了人类高超的智慧，流传着许多有趣的故事，形成了丰富的玉米文化。

　　玉米是一种既古老又年轻的粮食作物，在原产地墨西哥、秘鲁一带（或中北美洲），大约有4500～5000年的种植历史。据相关资料表明：玉米在明朝时期传入中国，栽培历史已经超过500年。认识了解玉米，必须从玉米的种植历史、玉米的分布产能、玉米的种植管理、生长习性和常见病虫害及防治、玉米的收获、运输、储藏、玉米的营养成分及加工、玉米美食、文化、未来展望等多方面去学习。

　　普及玉米的历史、种植技术、产能、功能、文化的相关知识，对于培养全民特别是青少年粮食安全意识意义重大而深远。笔者力图用通俗的语言、有趣的图片、动人的故事和传说，深入浅出地介绍玉米知识，努力做到视角独到，引人入胜，让读者轻松愉快了解玉米，爱惜玉米，进而养成珍惜粮食的良好习惯。

目录

大家好！我是玉哥！

我是玉米！源于美洲，传播全球，适应贫瘠，应用广泛，奉献自我，见证人类文明历史进程。

我是人类，栽培玉米，珍藏玉米，改良玉米，传播玉米，加工玉米，推动玉米家族繁衍壮大。

一、追根寻源 "玉"质金光

　　人类祖先的进化经历了漫长的过程，直到一万多年前，才有了族群的分化。狩猎为主的族群开始饲养动物，类似于今天的养殖业；采摘为主的族群开始驯化、种植作物，相当于现在的种植业。

　　为了生存，人们狩猎捕鱼，摘果捡蛋，无奈资源有限，虽奔波苦累，仍食不果腹。人类随着社会的发展和进步，学会了驯养动物、种植作物，不再到处迁徙，沿着河流海岸定居下来。人类经过种植驯化，慢慢发现有一些植物果实味道可口，产量又高，营养丰富，这些植物，就发展成现在的粮食作物，玉米便是其中之一。随着人类交流范围的扩大，优秀的粮食品种会在世界范围内被推广、传播。

玉米，俗称包谷、包米，与小麦、稻谷并称为三大主粮。它有几十种别名，例如棒子、包粟、玉茭、珍珠米、苞芦等。

玉米籽粒晶莹剔透，如美玉般光洁，身披金甲，内镶白玉，宝贵如玉。

玉米果穗

玉米籽粒

玉米雄穗

玉米果穗、玉米雄穗与玉米籽粒

1. 玉米植株

　　玉米是一年生雌雄同株异花授粉植物，植株比较高大，茎强壮，是重要的粮食作物和饲料作物。玉米植株主要由根、茎、叶等营养器官和雌穗、雄穗生殖器官组成。

　　玉米的根为须根，分胚根和节根。胚根又叫种子根、初生根，在玉米种子胚胎发育时形成。节根从茎节上长出，从地下茎节长出的称为地下节根，从地上茎节长出的称为支持根、气生根。玉米的根系除从土壤中吸收养料和水分外，还是合成氨基酸、有机磷化合物等多种物质的场所。玉米植株比较高大，主要靠庞大的根系将其固定在土壤中，抵抗风雨袭击，防止倒伏。

　　玉米的茎是玉米的中轴，承受着叶、穗等器官的重压，支撑着叶片在空中均匀分布，承担水分和养分的运输功能，茎秆还是合成、贮藏养分的场所。

　　玉米的叶互生，着生在茎节上。全叶可由叶鞘、叶片、叶舌构成。叶鞘环抱茎秆，有贮藏养分和保护茎秆的作用，可增加茎的抗倒折能力。叶片着生于叶鞘顶部的叶环之上，叶片中央有一条纵向的主叶脉，

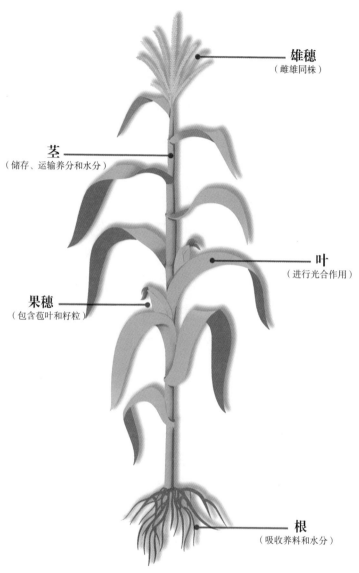

雄穗
（雌雄同株）

茎
（储存、运输养分和水分）

叶
（进行光合作用）

果穗
（包含苞叶和籽粒）

根
（吸收养料和水分）

玉米植株结构图

玉米籽粒

玉米果穗

主脉两侧平行分布着许多侧脉。玉米叶是进行光合作用、制造有机质的场所，同时有一定的蒸腾作用和吸收功能。

　　高粱和玉米在幼苗时期非常相似，只是高粱长得更高，茎秆较细。生长中、后期差别会越来越显现，高粱把果穗顶在头顶上，而玉米的果穗长在腰间。通

高粱

玉米

常情况下玉米一株单个果穗，时有"双胞胎"（一株长两个果穗），甚至有"多胞胎"（一株长三个及以上的果穗）。

玉米的身体"零件"很多，称谓也很特别。籽粒叫包谷粒、玉米粒；玉米果穗叫包谷穗，也叫玉米棒子；果穗外面包裹的"皮"称之为苞叶；玉米果穗去掉籽粒后的部分称之为玉米穗轴，俗称"棒子骨""玉米瓤"；玉米的花柱和柱头称之为玉米须。

2. 老家美洲

任何物种的进化都是渐进的，蕴含着人类很多的智慧和劳动。玉米作为粮食作物，与人类息息相关，当然也不例外，从诞生到成长全过程都伴随着人类对它的驯化、培育。人类不断尝试对玉米品质方面的改良，不断尝试着对其生存环境和区域的变换。从一定意义上说，今天的玉米是人类持续培育驯化发展的结果。

相关学者对玉米的起源持有四种观点：第一种，玉米、大刍草、摩擦米来自共同的祖先，不同条件下发育成不同的品种族；第二种，玉米起源于有稃玉

类蜀黍 现代玉米

类蜀黍与现代玉米对比图

米，大刍草是玉米的后代；第三种，玉米起源于大刍草；第四种，玉米是由野生玉蜀黍进化而来，或由类玉米与其他禾本科植物杂交而来。大多数学者认为第三种观点可信度高，笔者也这么认为，即玉米起源于大刍草。

　　玉米的祖先是一种细长型野草——大刍草（又称

类蜀黍），与现代的玉米相比，叶子窄一些，秆细一些，穗小一些。它最早生活在美洲的墨西哥、秘鲁一带。在墨西哥，考古发现了距今7000年的玉米碳化颗粒，还有3500年前的玉米化石和石磨；在秘鲁，考证出4500年以前的玉米，还发现了4700年前用于储藏玉米的石结构仓库等，这都说明玉米种植的历史悠久。但玉米的"年龄"到底多大呢？谁也说不清楚，从历史考证发现来看，有数千岁，也许将来考古有更多的发现面世，玉米有数万岁也未可知。

3. 走向世界

据史书记载，1492年西班牙航海家哥伦布漂洋过海、历经千难万险到了美洲，开始在美洲大陆的游历、探索。他发现了玉米，俊朗的外表深深吸引了哥伦布老先生，称之为"神奇的谷物"，把玉米描述成甘美可口，焙干可以做粉。

1493年，哥伦布乘船返回欧洲，玉米便一起乘坐轮船，不分白天黑夜，无论风急浪高，带着对新环境的向往，在经历无数艰难险阻的考验之后，终于踏上了神秘的欧洲大陆。哥伦布把玉米作为礼品进献给西

玉米航海

班牙国王。

1494年，哥伦布第二次远航美洲，期间，让一部分人员先行回国。他们带回了玉米种子，便开始试

进献玉米

种。玉米经历发芽、生长、成熟到收获，由于品质卓越、产出丰硕，得到了大家一致认可。从此，玉米便在西班牙扩散开来。玉米还被广泛地传播到整个欧洲，并不断向世界各地传播。

4. 定居中国

老家在美洲的玉米是何时、沿着什么样的路径来到中国的呢？历史学家和农业学家一直研究探索这个问题。

历史学家研究推测认为玉米来到中国主要有两条途径：一条是海路，另一条是陆路。

海路主要经东南沿海传入内地，即由葡萄牙人或在菲律宾等地经商的中国人经海路传入中国，并认为很可能是16世纪初通过海路传入中国沿海和近海省份，再向内地省份发展。由于那时候交通不够发达，从沿海到内陆地区的扩展比较缓慢，但是玉米所到之处，都受到人们的欢迎。

陆路传播途径主要有三条。一条由印度、缅甸进入云南的西南路线；另外一条是经波斯、中亚到甘肃的西北线；第三条则是大约在16世纪初，由葡萄牙人将玉米传入印度、孟加拉等国，而后从印度传入中国的西藏并发展到各省份。也许这三种途径都有传播，目前，还没有科学依据能够定论。

更多学者认为，玉米由陆路传入可能性比较大，并认为云南应当是玉米进入中国大陆的最先落地生根之处。

玉米进入中国后，各地、各时期的名字都不一样，有很多叫法，有文字记载的名字就有玉高粱、番麦、御麦、西番麦、玉麦、玉蜀秫、玉蜀黍、戎菽、红须麦、珍珠芦粟、苞芦、鹿角黍、御米、包谷、陆谷、玉黍、西天麦、玉露秫秫、珍珠米、粟米、包粟、包麦米等。明代文学家田艺蘅在撰写的《留青日札》中这样说："御麦，种出西番，旧名番麦，以其曾经进御，故曰御麦。"

国内有关玉米的最早文献记载是公元1511年的《颍州志》，颍州属今安徽省北部，当时玉米被称为"珍珠秫"。由此推断玉米传入中国可能是在公元1500年前后，距今500多年。也就是说，玉米在中国生长生活已经五个多世纪了。

《颍州志》图

明朝嘉靖三十年（1551年），河南《襄城县志》记载了当地谷物种植中出现了玉米。明朝嘉靖三十四年（1555年）成书的《巩县志》也记载了玉米种植的情况。玉米被称其为"玉麦"，名字很响亮。当时，各种麦类农作物是中国人的主要粮食品种，把玉米叫作"麦"，说明对玉米的重视。

明朝嘉靖三十九年（1560年）《平凉府志》称玉米为"番麦"和"西天麦"。《平凉府志》载："番麦，一曰西天麦，苗叶如薥秫而肥短，末有穗如稻而非实。实如塔，如桐子大，生节间，花垂红绒在塔

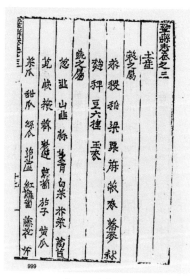

《巩县志》图

末，长五六寸，三月种，八月收。"

为什么叫"番麦"？因为玉米是从中国本土之外传播而来。在我国的五谷里没有玉米，表明玉米是"老外"。这里需要说明的还有，"三月种，八月收"是过去的生产条件下的说法，大面积种植时，人们还是基本遵循这个时间。由于种子技术、种植技术等农业科技的最新应用，在中国的有些地方一年四季都可以种植玉米。

"玉米"之名最早见于徐光启的《农政全书》。书中记载："别有一种玉米，或称玉麦，或称玉蜀

《农政全书》图

秫，盖亦从他方得种。"通俗地讲，就是"另外有一种叫玉米的，或者叫它玉麦，或者叫它玉蜀秫，是从其他地方得来而种植的"。

玉米传入中国后，在农作物中显示出独特的优势，各地纷纷引种种植。到明朝末年，玉米在中国多个地区都有种植，如浙江、福建、云南、广东、广西、贵州、四川、山东、河南、江西等地，种植面积分布广泛，遍及南北东西。

5. 第一口粮

今天，全球100多个国家都有玉米的身影，从北纬58°到南纬35°~40°的地区均有大量种植，占全球粮食总产量的35%左右，是世界产量较高的农作物。其种植面积仅次于小麦，主要分布在中国、美国、巴西、阿根廷等国家。

我国玉米消费主要有饲用、工业加工、食用及种用四大用途。其中，饲用、工业消费用量占比较高，并逐年递增，有时还需要进口才能填补数量上的缺口。就目前而言，作为口粮已经不再是玉米的主要用途了。

玉米作为重要粮食品种之一，也是饲料和工业加工的原料，还在多个领域应用广泛，这为玉米的推广奠定了良好基础。我国玉米播种面积和产量一直居世

2015～2020年全球玉米产量

单位：百万吨

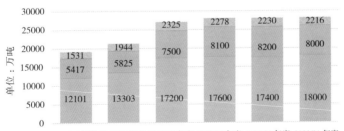

2015～2020年中国玉米消费结构

单位：万吨

■ 饲用消费　■ 工业消费　■ 其他（包括食用消费、种子用量、损耗及其他）

界前列，2012年，我国玉米的总产量达20561万吨，首次超过稻谷，成为我国产量最大的粮食品种，成为"第一口粮"。随着农业科技的发展，玉米新的品种不断出现，产量也越来越高。

2015～2021年中国玉米进口量

二、开枝散叶 "玉"撒四方

　　玉米为禾本科一年生草本植物，具有生长期短、产量高、适应性强、成活率高、易种植等优势，玉米的家族从被种植起，就顽强地开枝散叶、繁衍扩张。现在已经拥有多个品种，遍布世界多个国家。

1. 玉米的主要种类

　　玉米是在人类驯化培育下，适应多种自然条件，逐渐演化成为现代栽培品种。玉米经历了无数自然突变和种族间杂交，经过人类对果穗大小、颜色和籽粒进行筛选，使小果穗演变成果穗较大、多行籽粒、丰

产潜力很高的现代玉米品种，形成了庞大的家族体系。

（1）按籽粒形态与结构分类

根据籽粒有无稃壳、籽粒形状及胚乳性质，可将玉米分成9个类型：硬粒型、马齿型、粉质型、甜质型、甜粉型、爆裂型、蜡质型、有稃型、半马齿型。

玉米果穗

（2）按生育期分类

由于遗传上的差异，不同的玉米类型从播种到成熟，即生育期亦不一样，根据生育期的长短，可分为早熟品种、中熟品种、晚熟品种。

早熟品种春播生育期70天～100天，夏播生育期70天～85天。中熟品种春播生育期100天～120天，夏播

生育期85天～95天。晚熟品种春播生育期120天～150
天，夏播生育期96天以上。

由于温度高低和光照时数的差异，玉米品种在南
北向引种时，生育期会发生变化。一般规律是：北方
品种向南方引种，常因日照短、温度高而缩短生育
期；反之，向北引种生育期会有所延长。由于温度高
低和光照时数的差异，玉米品种生育期会发生变化。
生育期变化的大小，取决于品种本身对光温的敏感程
度，对光温愈敏感，生育期变化愈大。

（3）按籽粒组成成分与用途分类

根据籽粒的组成成分及特殊用途，可将玉米分为
特用玉米和普通玉米两大类。特用玉米以外的玉米类
型即为普通玉米。

特用玉米是指具有较高的经济价值、营养价值或
加工利用价值的玉米。这些玉米表现出各具特色的籽
粒构造、营养成分、加工品质以及食用风味等特征，
因而有着各自特殊的用途、加工要求。特用玉米一般
指：甜玉米、糯玉米、高油玉米、爆裂玉米、高赖氨
酸玉米等。

甜玉米也称为蔬菜玉米，又称为水果玉米。甜玉

草莓玉米

水果玉米

米富含水溶性多糖，含糖量高，口味较好。它富含核黄素、维生素C等，易于人体消化吸收，可用来充当蔬菜或鲜食。它既可以煮熟后直接食用，又可以制成各种风味的罐头、加工食品和冷冻食品。甜玉米根据含糖量又可分为普甜玉米、加强甜玉米和超甜玉米3种类型。

糯玉米又称黏玉米，其胚乳淀粉几乎全由支链淀粉组成。糯玉米的淀粉含量高达70%，蛋白质含量也比较高，营养元素也是相当丰富。糯玉米具有较高的黏滞性及适口性，可以鲜食或制罐头，我国还有用糯玉米代替黏米制作糕点的习惯。

高油玉米是指籽粒含油量超过8%的玉米类型。由于玉米油主要存在于胚内，直观上看高油玉米都有较大的胚。玉米油已成为重要的食用油源。

高赖氨酸玉米也称优质蛋白玉米，即玉米籽粒中赖氨酸含量在0.4%以上，而普通玉米的赖氨酸含量一般在0.2%左右。

爆裂玉米的特点是角质胚乳含量高，淀粉粒内的水分遇高温而爆裂，一般作为风味食品使用。

（4）按玉米籽粒颜色分类

玉米经过数千年的进化后，果穗和籽粒品质越来越优质的同时，籽粒也被驯化成五颜六色，光彩夺目、晶莹剔透。常见的有金黄色、白色、蓝色、黑色、紫色及杂色等。

玉米籽粒形状像成年人的门牙，肌体外面有一层透明的保护膜，肌体坚硬，里面镶嵌着洁白的芯。籽粒从开始生长到成熟的过程中，颜色是逐步加重的。以金黄色玉米为例，果穗去掉苞叶，最初是绿色，然后是白色，后来是浅黄色，最后才是金黄色。浅黄色时最适合蒸煮食用，成熟的金黄色玉米加工生产的玉

金色玉米

蓝色玉米

紫色玉米

三色玉米

白色玉米

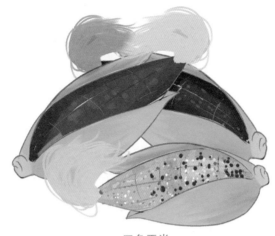

三色玉米

米粉、玉米糁也是金黄色。

　　白色的玉米通体洁白如玉，有晶莹润滑的"玉"感，籽粒像白玉镶嵌在乳白色的穗轴上。清朝乾隆二十五年（1760年）《巴县志》已有记载："玉秫黍，俗名苞谷。有黄、白二种。"籽粒从成穗到成熟都是白色，以甜润为主，加工出来的玉米粉、玉米糁也都是白色，特别受欢迎。

　　蓝色玉米和紫色玉米较为常见，早在清朝雍正十三年（1735年）的《陕西通志》中已有记载："玉蜀秫，一名番麦，一名玉米，有白、紫、蓝之不同色。"

2. 玉米在中国的分布

由于玉米适应性强，适合旱地种植，而生长需要的主要条件很多地区都具备，因此在世界各大洲均有种植。

中国幅员辽阔、人口众多，占世界人口的比例较高。解决人们生存依赖的粮食问题，是国家治理者首先要考虑的。像玉米这样产量高、适应能力较强的作物，自然会受到欢迎。我国的大部分地区适合玉米种植，种植区域覆盖全国各地。玉米种植形式也多种多样，如东北、华北北部有春玉米，黄淮地区有夏玉米，长江流域有秋玉米，在海南及广西可以播种冬玉米。玉米的家族得以繁衍生息、开枝散叶，呈现一派旺盛景象。

据相关资料显示，玉米在我国的种植区域广泛，是我国生产面积最大的粮食作物，约占粮食种植总面积的35%。玉米产量也屡创新高，是我国第一大粮食品种。

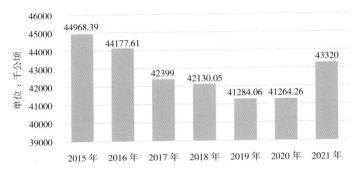

2015 ～ 2021 年中国玉米播种面积

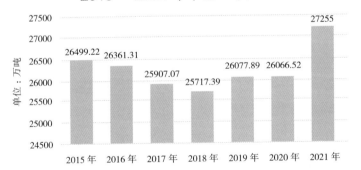

2015 ～ 2021 年中国玉米产量

近年来，玉米应用结构的变化，不仅改变了成熟后的去向，更影响着自身的价值，玉米的单价不断上涨，加之单产高，收益可观，也进一步激励农民种植玉米的积极性。

（1）东北产区，"金山银山"

玉米是旱地作物，有很强的耐旱能力、耐贫瘠性、耐寒性。有正常的降水量，保持土壤表面干燥、下层土地湿润，玉米即可生长，故而称它耐旱。耐贫瘠性是说玉米能够在贫瘠的土地上生活，靠着发达的根系吸收土壤营养，但不是说玉米喜欢贫瘠的土地，相反在营养丰富的土地上产量更大。在中国的大部分平原、高原、丘陵都有玉米的身影，在沙壤、壤土、黏土上均可生长。耐寒性是指玉米有一定的抗寒性。特别是在中国东北平原寒冷肥沃的黑土地，也是玉米家族繁衍生息上佳之地，那里种植面积大，亩产高，是中国较为集中的产区。黑土地土质肥沃，又是成片的大平原，东北地区一年温热的时间有限，生长期长的植物很难推广，生长期较短的玉米在这儿定居最合适了。在生长的季节，从飞机上往下面看，能看到绿色的、一望无际的玉米队伍。

俯瞰玉米田图

玉米收获季节，在东北大部分的农村家庭的晒场上，到处都是"金山银山"。玉米果穗干燥后，才能脱粒。脱粒后还要在晒场上晾晒，晒场上流金溢彩，场面非常壮观，一派丰收景象。

（2）中原腹地，玉米海洋

处在中原腹地的山西、陕西、河南、河北、山东等地，是中华文明的发祥地，适合多种植物生长，也是适宜玉米种植的地域。这里气候适宜，四季分明，

中原地区玉米田

西南丘陵梯田

春种夏管，秋收冬藏，到处可见的大片平原，形成了一望无际的玉米海洋。

玉米品种的推广种植不仅解决了中原腹地的吃饭问题，也为种植户增加了经济收入。每家每户有存储玉米的习惯，更多是穗藏。玉米挂在房檐下，既通风又挡雨，经济实惠，用起来也很方便。每每看到挂满房檐的玉米，人们心里就不担心受饿了，真是"手中有粮，心里不慌"。

玉米有较高的抗灾害能力，亩产量又高，田间管理也不复杂，深受中原地区农民喜爱，大面积种植是必然选择。

（3）西南丘陵，"玉"树临风

玉米适应性很强，能够在丘陵地带生长，云南、贵州等省连片的大田块较少，玉米三五成群像是在那里"开小会"，因为通风条件好，它们生长得很粗壮，像小树一样迎风招展，很有"玉树临风"的味道。丘陵地带不适合机械作业，有些农民要翻山越岭去播种、收割农作物，更加辛苦。云南、贵州多个地区推广梯田种植玉米后，远看层次分明，错落有致，成为一道美丽的风景。

三、春种秋收　美"玉"满堂

　　虽然玉米有很强的环境适应性，但是为了提高玉米成活率和产量，在土质要求、种子选择、田间管理、病虫防治等方面还需要耕种者下很多功夫。"水、肥、土、种、密、保、管、工"是粮食种植的八字方针，在玉米种植过程中也是适用的。这里简单介绍"土、种、水、密、管"。

1. 土质要求

　　玉米有丰富的根系，俗称"霸王根"，可以吸收较大面积、较深地层的土壤养分。种植玉米一般选择

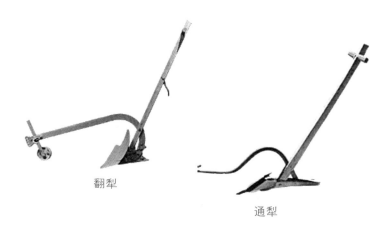

翻犁

通犁

土层深厚、土质疏松、透气性好，保水保肥性能较好
的地块。玉米对土地的地力要求较高，对肥料的"食
量"很大。播种时最好施上底肥，并避免重茬种植。
就是说，今年在这块地种植了玉米，明年最好换一块
地种植，因为玉米能够把土壤的肥力吸收殆尽，影响
下一年的产量。在很多地区也有把玉米和同期生长的
植物进行间作，即扩大玉米的行间距离，在空出的地
方种植如西瓜、绿豆、花生等作物，这样既能够保证
玉米有通畅的空气，又不浪费土地，下一年只要稍微
挪动套种间作的位置，就可以继续种植玉米与别的
植物。种植之前需要平整土地，也可以对土地进行打
垄，以方便浇水、排涝等田间管理。

传统平整土地使用的农具

2. 精选种子

近年来，玉米种植面积不断增长，种植户对玉米种子的需求量加大。种子的来源一种途径是上年自家留作种用，另一种途径是从市场上直接购买。为了提高玉米产量和抵御自然灾害的能力，种植户大多采取到市场上专业的种子商店购买。

由于人们对玉米需求的多样性，在选择种子时，首先要选用质量合格的种子；其次要考虑到种植什么品种的玉米，例如甜玉米、黏玉米、爆玉米、高油玉米等，兼顾"稳产高产"，还要考虑抗害抗灾能力，以及气候的适应性；最后还要考虑品种是否适合机械化收割。

选好种子后，可以提前试验种子的发芽率，确定种子的使用量。播种时辅用科学技术方法提高出苗率，确保一播保苗全、苗齐、苗匀、苗壮。

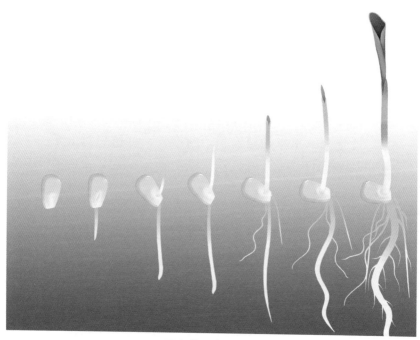

玉米种子发芽实验

3 田间管理

玉米的生长周期大体分为播种期、苗期、穗期、花粒期、成熟期。在玉米的生长过程中，适时播种、合理密植、水肥管理、病虫害防治是不同生长阶段重要的田间管理工作。

（1）适时播种

玉米要适时播种。播种应根据当地气候进行，春种玉米多数在三月到四月份种植，各地种植时间不

人工播种

机械播种

一。最好是选择下雨的前一天播种，提高出苗率。没有适当的水分，玉米种子很难出苗，即使过一段时间水分充足发芽，出苗后也参差不齐，影响以后的管理，造成减产。如果多天没有下雨，又不能错过种植季节，往往在播种后，就直接浇水，保证出苗率及幼苗的良好生长。

（2）合理密植

为了能够给玉米足够的生长空间和生长所需的养分，要因地制宜、合理密植，一般地块亩保苗4500株左右。肥水条件好、种植耐密型的品种，可适当增加种植密度。玉米对肥料的"食量"较大，也非常喜欢涌风透光，只有在充分的光合作用下，生长才会更健康。

（3）水肥管理

玉米很娇嫩，除了怕涝，也不能太旱。毕竟水分是所有植物生长的要素之一，因此玉米也会因为缺水而干死。特别是在幼苗时期，遇到连续干旱，叶子会发蔫、打卷，茎秆会低头。在开花和灌浆时期，如果缺少水，应及时浇水，保障正常授粉和灌浆结实。否则籽粒会变瘪，不能长满，减少产量，还会降低品质。

玉米施肥分四个时期。基肥：播种前，使用农家腐肥，配合磷肥、复合肥、钾肥、尿素均匀撒于土壤中。齐苗肥：玉米出苗后，需施齐苗肥。提苗肥：玉米长到40cm时施提苗肥，以尿素为主。促果肥：玉米结穗之后施促果肥，并喷施少量的硼肥、钾肥和叶面肥。不同地块、不同墒情，适量施肥，力求为玉米各生长期间提供充分的营养。每次施肥能做到合理、适量，提高肥料的利用率。

（4）病虫防治

玉米种植田间管理，不仅仅表现在松土保墒、浇水施肥上，还有病虫害防治。玉米的主要害虫有：玉米螟、黏虫、棉铃虫、蚜虫等。

玉米螟：玉米螟俗称钻心虫，名字听起来就吓人，属鳞翅目、螟蛾科，是玉米的主要敌人。它可以危害玉米植株地上的各个部位。玉米螟一年一般繁殖2～4代，也就是说，这家伙一年之中就能繁殖到它的儿子、孙子甚至重孙子。温度高、海拔低，繁殖代数较多。成虫夜间活动，飞翔能力强，有趋光性，寿命

玉米害虫

5～10天，喜欢在离地50cm以上、生长较茂盛的玉米叶背面中脉两侧产卵（它还真会找产房）。它的幼虫孵出后，初时聚集在一起，后在植株幼嫩部爬行，开始危害玉米，并能借着风力飘落到邻株，会形成大片的虫害。

黏虫：黏虫俗称五彩虫、麦蚕，属鳞翅目夜蛾科，是粮食作物和牧草作物的主要害虫，危害也很严重。黏虫是一种多食性、迁移性、暴发性的害虫。黏虫的繁殖与温度、湿度有密切关系。一般成虫产卵最适温度为19℃～25℃。另外湿度越大，特别是在阴晴交错、多雨高湿的气候条件下，不但有利于成虫产卵，而且有利于卵的孵化和幼虫的成活发育。

棉铃虫：属鳞翅目、夜蛾科，别名青虫、棉铃实夜蛾等。专门啃吃玉米的茎秆，形成一个个小洞，甚至造成茎秆断裂。

常见的玉米病害包括大小斑病、花叶条纹病、叶鞘紫斑病、叶枯病、圆斑病、灰斑病、粗缩病、锈病、褐斑病、叶斑病等。

玉米大斑病先从植株下部叶片开始发病，后向上扩展，主要为害玉米叶片，严重时也为害叶鞘和苞叶。

玉米纹枯病主要为害玉米的叶鞘、果穗和茎秆。在叶鞘和果穗苞叶上的病斑为圆形或不规则形，淡褐色，水渍状。

防治病虫害的办法很多，可以用物理方法和化学方法。物理方法捕捉成虫，耗费人力，但还是有效果的，特别是人工捕捉成虫（会飞的蛾子），每抓到一只，就相当于捉到了上百甚至数百只幼虫。最常用的是化学方法，即用化学杀虫药治虫，开始效果不错，但是，虫子也在不断进化、产生抗药耐药性。由于害虫对杀虫药耐药性的不断增强，化学药品对害虫的杀伤力减退，还会在玉米的籽粒、茎秆中有一定程度的残留，危害人类和动物的健康。杀灭植物病虫害毒性较强的农药，已经逐渐被淘汰了。

于是，人类便着力在改善土质环境和提升玉米的抗病虫害能力上做文章。从事这方面研究的专家学者很多，形成了两个研究方向，一方面改善品种质量、抵御病虫害等；另一方面就是通过生物学的方法，改变害虫的遗传基因，破坏害虫的繁殖系统。

4. 玉米盆植管理

玉米是很多人喜欢的食物，不仅能种在田地里，也可以盆植，玉米盆植的方法比较简单。

（1）种植前的准备

种植前要准备适当大小的花盆、栽培用土、玉米种子、肥料等。玉米盆植需要注意以下几点：

①最好到专门卖种子的地方购买，挑选合适的品种。市场上那些颗粒完好的玉米虽然可以播种，但是很难确定品种，且出芽率和成活率不能得到保证，不太适合播种。

②玉米不耐盐碱，适宜的土壤pH5～8，可以将土和有机肥料按比例配制，然后再加入适量的磷钾肥作为肥料。

③每次最好只种一个品种的玉米，否则很容易因杂交影响玉米的品质。

（2）播种和定植

①先将种子放在冷水中浸泡约12小时，种在盆里，盖上土。每盆种2～3颗，4～5天左右发芽。

②当苗有2～3片真叶时，选择健壮的小苗保留，一般每盆一棵，并适当浇水。如果你的盆够大，想多保

种植前准备工具

冷水浸泡约 12 小时

种在盆里，盖上土，每盆种 2~3 颗玉米种子

当苗有 2~3 片真叶时，选择健壮的小苗保留，适当浇水

施

灌浆期，需大量水分

摇晃植株，人工授粉

授粉 3-4 周后，采收玉米果穗

玉米盆植

留几棵在一个盆中，那么，苗间的位置最好呈三角形错开，并且小苗的第一片真叶最好都朝向同一个方向。

（3）玉米生长管理

①定植后，10天左右需要施肥一次，以沃叶高氮水溶肥为主。

②当植株即将抽穗开花时，每1～2周施肥一次，如果需要人工授粉，用手摇动一下植株即可。

③当茎叶生长旺盛到果穗灌浆期，这时植株就需要大量水分，因此要保证水量充足，每1～2天浇一次水，以保持土壤湿润为宜。

④植株生长期间由于容易出现玉米螟、蚜虫等虫害，因此要时常留意，手工即可灭除。

（4）玉米收获

授粉3～4周后，玉米果穗即可采收，收得过晚则会变老，影响口感。

5. 美"玉"满堂

玉米的收获有传统的人工方式和现代常见的机械作业方式。

传统方式靠农民一棵一棵地掰玉米，在玉米成熟

收获玉米

的季节，常是一年当中最热的时候，农民们要顶着炎炎烈日作业，非常辛苦。穿得太多会炎热难耐，穿得太少会被玉米的叶子刺伤，这种辛苦和汗水都融入每一粒玉米之中了。在机械收割十分普及的今天，很多小地块种植的玉米，还是靠人工收割的，真是"粒粒皆辛苦"啊。

现代机械收割玉米已经比较普遍了，省时省力效率高。在收获玉米的同时，还能够把玉米叶秆直接粉碎作为饲料原料或秸秆还田，深受农民欢迎。

玉米收割机包含收果穗和收秸秆两种功能，可以是单机操作（只收果穗或只收秸秆），也有联合收割，即同时完成上述两个工作。

收果穗机工作原理是：用机械法让玉米果穗和玉米秆脱离开来。一种为挤压式，使用两根棍子挤压玉米秆到玉米果穗那里，把玉米果穗挤压下来，果穗上不带玉米秆；还有一种就是用刀在玉米果穗下部切断，使玉米果穗和玉米秆分离，切下来的果穗还在一小节玉米秆上。根据功率大小，可以分为单行收割和多行收割。一家一户的玉米收割或者小块田地收割，可以使用单行收穗机。

机械收割玉米果穗

机械收割玉米果穗

联合收割机

收秸秆机

　　收秸秆机主要有割秆装置、输送装置、液压升降器等组成。收秸秆机工作原理是：作业时，收秸秆机沿玉米垄方向前进，割秆装置将玉米秸秆割断，秸秆通过上、中、下三条输送链条向右侧方向输出，并自然摆放，完成收割。如果需要直接粉碎的，可以加上粉碎机和装载装置。

　　玉米果穗成熟后，晾晒就变得尤为重要，如果晾晒不好，就会导致玉米发芽、霉变。晾晒方法主要有田间站秆扒苞叶晾晒、田间高茬晾晒、晒场晾晒、网

玉米田间站秆扒苞叶晾晒

晾晒玉米

袋晾晒等。最为常见的晾晒方法是晒场晾晒。晒场晾晒是将去干净苞叶、花丝的果穗平铺在晒场上进行晾晒，不宜过厚，注意适时翻动，以免影响晾晒效果。

玉米果穗晒场晾晒

还有一些农户将玉米收获后，把苞叶剥开，但不会掰掉，而是将苞叶编起来，悬挂在屋檐下或者房梁上晾晒储存，这种情况目前已经不多见，但有一些地区，还在使用。

四、储藏运输　"玉"体尊上

玉米收获晾晒后，合理使用运输工具，并安全储藏，防止霉变、虫害，保证玉米品质，是玉米生产最后阶段的主要工作。玉米常用储藏形式有果穗储藏和籽粒储藏，储藏方法主要是粮仓。而鲜食玉米需要低温速冻冷库储存，可以保鲜、保留玉米的风味。

1. 储藏工具

古人云："仓廪实而知礼节。""仓"就是指的粮仓。人类早期的很多容器，基本上是为了储粮和藏粮。

囤仓

果穗围仓

（1）传统粮仓

古代粮仓的称呼很多，如房仓、廪仓、京仓、困仓、囤仓、围仓等。常用的粮仓有木结构的、石头垒的、砖头砌的、泥土塑的、竹席围的、草席围的、藤条编的、铁皮围合的等。

普通农户采用悬挂、堆放、围仓来储藏玉米果穗，也常用麻袋、围仓、缸、罐等工具储藏玉米籽粒。这些传统的储粮方法弊端很多，易霉变，常遭鼠害、虫害，需要勤加管理。

玉米果穗悬挂储藏

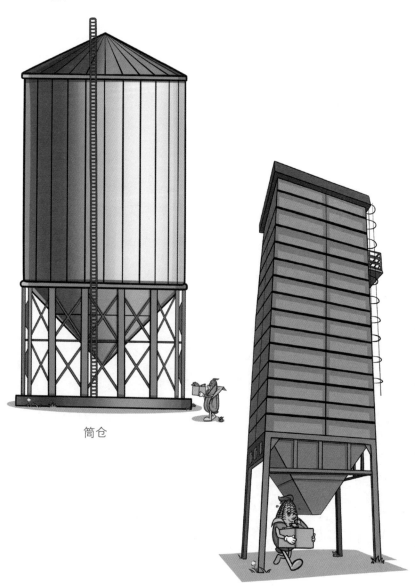

筒仓

方仓

（2）常见粮仓

现在粮仓主要有方仓和筒仓。

方仓一般层数不高，适合籽粒小规模"居住"，管理起来较方便，很多小型粮库储粮使用。玉米籽粒在里面感受的压力会小些，进出会便利些。方仓利于检测温度、湿度、虫害。

筒仓容量大，玉米像是住在高楼大厦里面，日常管理的要求较高，一般要求能自动测温、测湿，自动检查病虫害。筒仓更适合大量储存玉米籽粒。筒仓太高，底部的籽粒受到的压力大，不利于筒仓中心的籽粒通风与观测。因此你不会见到高耸入云的筒仓。人们会把筒仓的直径变大来增加储存量。存储粮食不仅要付出汗水，更是要付出智慧的，要充分利用现代粮仓建造、运行、管理技术来保证储备粮食的安全。

东北地区农户家中常把玉米果穗或籽粒堆放在庭院内，当地人称之为"地趴粮"。"地趴粮"怕雨雪、怕潮湿、易霉变。而"苞米楼子"是一种透气性好的仓库，适合穗藏，人们可以直接就近观察玉米果穗的状况，管理起来较方便。"苞米楼子"往往是短

"苞米楼子"储藏

期的临时仓库，适于干燥晾晒。它是有顶棚的，可以防备雨水浸泡。把果穗晾干后打成籽粒，然后再晾晒，以方便运输，提高效率。

2. 储存要求

玉米收获时往往含有较多的未熟粒、破碎粒及穗轴碎块等杂质。这些杂质呼吸量大，吸湿性强，带菌量多，空隙较小，容易积聚湿热导致发热生霉和虫害。玉米收获后应充分晾晒或烘干处理，在储藏之前，要去除玉米中的杂质。

玉米籽粒的"住宿休息"是很讲究的，要住得舒服才行。玉米籽粒的耐储能力比较弱，对通风、干燥、温度、湿度要求很高，易生病霉变、发芽，还怕病虫伤害。根本原因是玉米籽粒内部特殊的构造，胚芽部分约占身体三分之一，且胚芽部分能保持一定的湿度和糖分、油脂，是病虫最容易侵害的部位，所以适合低温干燥储藏。一般是果穗储藏干燥到一定程度后，再籽粒储藏。

有的人突发奇想：既然玉米籽粒要求这么干燥，那不如炒熟了再保存，不会发芽，也不容易霉变，不就一劳永逸了吗？当然不可以，有两个原因：一是炒熟的玉米籽粒破坏了原先的肌体，进一步加工会受很多限制，想再从它的体内分离出更多有特殊作用的养分就不可能了；另一个原因是炒熟的玉米籽粒不会在仓库发芽了，但种到地里同样也不会发芽，就不能当作种子来使用。

传说2000多年前，越王勾践就是这样坑害吴国的。当时，吴国灭掉了越国，俘虏了越王勾践。越王勾践在吴国吃尽了苦头，回国后，卧薪尝胆，一直想报仇雪恨，战胜吴国。但吴国国力强大，越国没有取胜的把握。后来有谋臣献计，从越国选籽粒饱满、品相好的粮食进献给吴国，骗吴国把这些品相很好的籽粒当作种子，在下一年种植。而越国人进献的粮食都是煮熟了的，当然不会发芽。等吴国知道上当时，已经错过了种植季节，造成了粮食歉收，导致吴国闹饥荒，国力大减。越国乘势发兵灭掉了吴国，逼死吴王夫差，报了灭国之恨。

玉米安全储藏的关键是提高入库质量，降低玉米水分，因此，入库前必须控制好水分和温度等条件。储藏中应注意通风散湿，新收获的玉米更应保持干燥和低温条件，才能确保安全。玉米在储藏期间，要勤检查，做好防霉防虫工作。当玉米仓内产生甜味时，要及时翻仓或进行晾晒。春暖前对玉米实行趁冷压盖密闭储藏，对防止蛾类害虫有较好的效果。若对玉米进行冬季冷冻和春晒过筛相结合处理，防虫效果更好。

3. 运输及注意事项

汽车运输适合玉米的短途旅行，方便快捷，但车费较贵。汽车运输的注意事项较多，比如防止雨淋，

汽车运输玉米装载图

汽车运输玉米

火车运输玉米

玉米散粮集装箱装载图

轮船运输玉米装载图

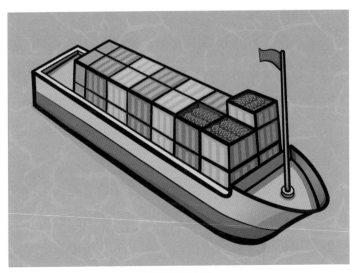

轮船运输玉米

特别是"敞篷车",更要加强保护措施。

火车和轮船运输量大,费用便宜,适合长距离运输,常采用散粮集装箱装载,更适合大型仓库自动化入库。

火车宽敞容量大。玉米像坐在钢铁长龙的背上长途旅行,浩浩荡荡、势不可当,多威风啊!只可惜它被包裹得严严实实,不能欣赏沿途的大好风光。

玉米乘坐轮船感觉更美,沿途不仅是旅行,还能感受海浪的托起放下、再托起、再放下的力量,也能听到浪花的欢笑,有一种坐秋千听音乐的享受。但也要注意温度、湿度的管控,太热、太潮都会生病的。

玉米旅行有时候需要火车、轮船、汽车联运,就是把三种运输工具结合应用,或者是其中的两种运输工具结合应用,都叫联运。可以形成火车、轮船和汽车联运,也可以形成火车、汽车联运,轮船、汽车联运等。

散粮集装箱装载能更大程度地节约空间,更适合自动化装卸,节约人力、时间,提高效率。自动装卸一般采用机械制动的传送带,把玉米整箱传到仓库顶部,打开集装箱倒入仓库,旅行就暂时结束了。

现阶段中国的交通事业迅速发展，为玉米的居家旅行（小规模、箱、袋包装）创造了条件。中国拥有世界上最发达的高铁运输网络，四通八达的高速公路网，快捷便利的航空运输，催生现代物流技术不断提高。人们借助业已普及的互联网电子商务，线上订单，线下交易，坐在家里，就可以实现制订玉米的旅行计划。玉米轻松地走入千家万户已经不是梦想。加之冷藏技术的进一步成熟，人们什么时候有需求，无论是玉米籽粒、还是加工的成品或半成品（如甜玉米果穗、黏玉米罐头、玉米粉、玉米糁等），只需在网上轻松一点，很快就会有快递小哥送货到家，不出家门就能吃遍全国的好美食。玉米的旅行，可以达到"一日千里"，甚至一觉醒来已经在万里之外了。有了"瞬间移动"的武功，加之人类更加到位的服务，玉米与人类的朋友关系更加密切。

五、全身是宝 "玉"润弥香

玉米是人们重要的粮食之一，玉米的营养成分丰富，富含多种营养元素，是重要的工业原料。随着玉米加工工业的发展，玉米的食用品质持续改善，形成了种类多样的相关产品。

1. 玉米籽粒结构与营养成分

玉米籽粒结构包括：胚轴、胚芽、胚根、子叶、胚乳、果皮和种皮。胚轴为连接胚芽和胚根的部分；胚芽为生有幼叶的部分，将来发育成根茎和叶；胚根为发育成根的部分；子叶吸收贮存营养物质，供胚发

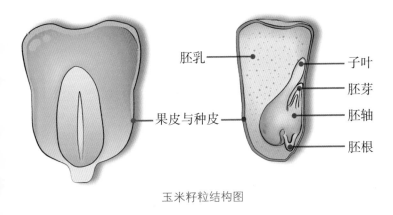

胚乳

子叶

胚芽

果皮与种皮

胚轴

胚根

玉米籽粒结构图

育；胚乳贮存营养物质；果皮和种皮保护种子内部结构。

玉米的营养成分包含：蛋白质、脂肪、糖类、钙、磷、铁，还含有胡萝卜素、维生素B_1、维生素B_2、尼克酸、卵磷脂、维生素E、赖氨酸等。

营养研究表明，玉米不但淀粉含量高，而且蛋白质达8.5%，脂肪达4.3%，维生素、纤维素及矿物质的含量也较高，因而营养学家将玉米称其为"黄金食物"。玉米含有丰富的维生素A、谷胱甘肽及镁，这些物质均具有抑制人体癌细胞生长、发展的作用。玉米所含的纤维素、胡萝卜素，不仅可增强肠壁蠕动，还可起到促进排便、排除毒素的作用。国内外有关资料显示，以玉米为主食的地区，肿瘤发病率普遍较低，可能是玉米中富含镁、硒等微量元素及40%麸质，抑制肿瘤的发展，促进废物排除。

玉米一直被誉为"长寿食品"，自身就有很大的药用价值。中医认为，玉米性平、味甘，入脾、胃经，有健脾和胃、利水通淋、益肺宁心之功。《本草纲目》言其"调中开胃"。《本草推陈》言其"为健胃剂，煎服亦有利尿之功"。煮粥服食，健脾开胃，对老年人脾胃亏虚，胃纳不佳，久病、重病之后，脾胃虚弱，纳食不香者甚宜。

玉米淀粉

玉米籽粒有特殊的内部构造和丰富的营养，可作为人类重要的口粮食用；可加工成玉米粒罐头，除了保持玉米口感外，运输携带方便，保质期长，食用简单便捷；可加工成玉米胚芽油，玉米胚芽油富含人体需要的不饱和脂肪，具有很强的保健功效；可制作玉米糖，玉米糖甘甜爽口，软硬适度，老少咸宜；可酿成白酒、烹饪美食丰富人们的餐桌。玉米籽粒也可加工成复合饲料喂养牲畜、家禽。还有广泛的工业用途，可以制成淀粉、加工成酒精、做成纸浆、用于生物制药等，满足人们更多的需要。

蜜蜂采玉米花粉

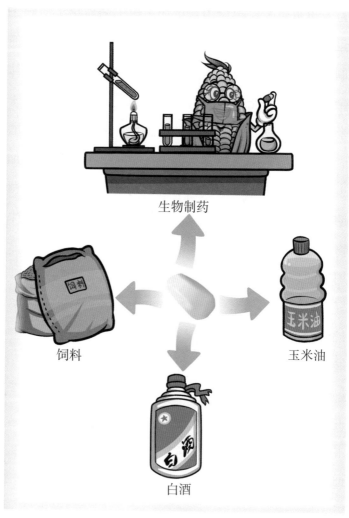

生物制药

饲料

玉米油

白酒

玉米衍生品

玉米的叶、茎秆是重要的饲料，可直接饲养牲畜、也可以加工成复合饲料；玉米开花时期，玉米田也是蜜蜂光临的场所；玉米的秸秆、穗轴还可以加工制糖，真正实现变废为宝。玉米全身都有用处，说它全身是宝也不为过。

2. 玉米传统加工

玉米作为人们食物是最基本的作用，有无与伦比的特质，以不同形态满足人们的需求。

把玉米果穗直接蒸煮就可以充饥，加工简单、食用方便，特别是甜玉米、糯玉米，嫩的时候蒸煮有很好的口感，深受人们喜爱。如果把蒸煮熟了的玉米籽粒或者把玉米果穗分成数段，配上其他的食材，更是能够制造出多道别具风味的佳肴。

将玉米籽粒制成玉米饮料、玉米粥、玉米饼子、玉米糁红薯稀饭等美食，也只需要将玉米籽粒加工成玉米糁或玉米粉，然后通过蒸、煮等简单烹饪方法处理即可制作完成。玉米粥、玉米饼子和玉米糁红薯稀饭，虽然不是人们的主要饭食，但是偶尔能够吃到，还是可以增加饭食的多样性。

玉米粥　　　　　爆米花

玉米发糕　　　　　　　　　　玉米窝头

玉米小排

玉米加工食品图

（1）石磨和碾子加工玉米

为了制造出玉米糁，人们用石磨和碾子碾压玉米籽粒，致使其"粉身碎骨"。石磨和碾子是早期的"变身"工具，因为技术含量低，需求量大，所以在我国广大的农村非常普及，直到20世纪80年代前后，才逐渐被淘汰。

石磨的工作原理是：把玉米籽粒从上面的小洞倒进去，转动上面的磨盘，利用两个磨盘之间的摩擦

石磨

石磨磨玉米

力，把它碾碎，玉米糁从两个磨盘之间的缝隙流出来。如果颗粒太大，可再次倒进小洞，碾磨一遍，照此循环数次，直到磨成人们希望达到的颗粒大小的玉米糁为止。

石碾碾玉米方法很简单，就是把玉米籽粒平放在碾盘上，利用石磙的滚动碾压，将玉米籽粒碾碎，不断重复，直到"变身"成玉米糁。不要把玉米籽粒放置得太靠近碾盘边沿，以免碾压中从碾盘上掉落，造成损耗。

驴拉磨

　　石磨和碾子常用的动力是牛、马、驴等牲畜的力量。在用牛、马、驴拉碾子时，为了防止它们偷吃玉米籽粒，经常给它们带上一个用竹子编制的"口罩"，或者干脆用深颜色的布块蒙住它们的眼睛，因为它们的行动路线是一个圆，所以也不需要看路。

　　把玉米籽粒加工成玉米粉，常用的工具除了用石磨外，还需用到面箩。根据面箩网筛小孔的粗细可分为粗面箩和细面箩。粗面箩能过滤玉米糁中的玉米粉，保留玉米糁。细面箩主要是为了生产出颗粒更小

面箩箩玉米粉

"一风吹"磨粉图

的玉米粉，这样加工出的玉米粉更加细腻。面箩的做工很简单，在铁皮制或者竹制的箩圈底部固定一张由细铁丝或者细塑料纤维编织的网。箩网纵横交错，疏密可调，就像人们家里的窗纱，不过比窗纱更密。

（2）"一风吹"加工玉米粉

现在常用磨玉米粉的设备是电磨，就是我们常听老人们说的"一遍净""一风吹"，严格意义上说，这个设备为"磨粉机"。它是利用迅速转动的钢轮打击玉米籽粒，使其粉碎成玉米粉。磨粉机上面有一个进粮口，把玉米籽粒放进去，利用电力带动飞轮，迅速打成粉，操作简单，磨粉速度快。以前经常有专业人士拉着"一风吹"，走街串村帮人加工面粉和玉米粉，收取一定的加工费。玉米籽粒直接加工出来的玉米粉，也叫"全玉米粉"，能保留玉米籽粒完全的营养。

3. 玉米深度加工

玉米深加工可以优化产业结构，延长产业链，增加产品的附加值。从玉米浸泡液中可提取可溶性多糖、可溶性蛋白质、玉米低聚肽、氨基酸、玉米浆；

利用从淀粉乳中分离蛋白质时得到的黄浆水可生产出蛋白粉，可提取醇溶蛋白、玉米黄色素、食用氢化油等。

现代科学技术不断进步，已经出现了对玉米淀粉和生产玉米淀粉过程中的副产品进一步加工精炼，能够满足人们更多的需要。玉米淀粉深加工可以生产生物化工材料、功能性添加剂、生物能源等高科技产品。

（1）玉米淀粉加工

随着淀粉工业的发展，人们对淀粉的需求大幅度增加。玉米淀粉的制造工艺复杂，用到的主要设备有振荡筛、洗涤槽、胚芽旋转器、硫黄吸收塔、立式粉碎机、卧式粉碎机、烘干机等。

工艺流程：选料净化——→浸泡软化——→粉碎成浆——→分离胚芽——→流板沉淀——→烘干包装。

① 选料净化：选用干净、无霉烂的玉米籽粒作为原料，用振荡筛振荡筛选，去除尘土和杂质，并用清水将玉米籽粒洗净。

② 浸泡软化：玉米籽粒浸泡三天左右，浸泡水中加入适量的亚硫酸钠，促其软化。

玉米淀粉

③ 粉碎成浆：将泡软的玉米籽粒通过立式粉碎机进行粉碎，形成玉米粗浆。

④ 分离胚芽：把玉米粗浆中胚芽和胚乳分离，再将胚乳粉碎成细浆（分离出的胚芽可用于加工玉米胚芽油）。

⑤ 流板沉淀：玉米细浆通过流板沉淀4小时后，即可得到湿玉米淀粉（剩下的玉米黄浆可作提取蛋白粉使用）。

⑥ 烘干包装：将湿玉米淀粉烘干，包装。

在玉米淀粉加工过程中，不仅会产生玉米淀粉，还会产生玉米胚芽、玉米黄浆。玉米胚芽可用于制造玉米胚芽油，玉米黄浆可用于生产蛋白粉。由于在玉米淀粉加工过程中使用了亚硫酸钠、洗涤剂等物质，会产生大量的污水，必须配备相应的污水处理设施。

（2）玉米酿酒

玉米可以单独酿酒，也可以与高粱、小麦等一起酿酒。玉米酿酒可分为生料酿酒和熟料酿酒，区别在于玉米是否蒸煮，这里以玉米熟料酿酒为例。

用料：玉米、水、酒曲。

工艺步骤：粉碎——→搅拌——→蒸料——→糖化——→发酵——→蒸馏。

① 粉碎：将精选无霉变的玉米晒干或烘干后，用水碾或粉碎机碾成细末，筛去渣滓。

② 搅拌：将玉米粉末铺于席上，加温水搅拌均匀，用水量接近原料的两倍。

③ 蒸料：将搅拌好的料装入蒸煮装置中，蒸煮3～4小时。

④ 糖化：料蒸熟后，从蒸煮装置中取出，待温度降至35℃左右时拌入适量酒曲。搅拌均匀后装入缸或桶内，糖化12～15小时即成甜味浆液。

玉米酿酒

苞谷酒

⑤发酵：糖化完成后，转入酿缸内密封发酵。

⑥蒸馏：发酵7天左右便可出缸，提取蒸馏。

（3）玉米肽生产加工

玉米低聚肽是重要的保健食品，营养全面、细腻、纯度高、易溶解、吸收快，深受人们欢迎。

玉米肽作为玉米蛋白经过酶降解而获得的多种小肽的混合物，除具有肽类物质的优良特性，还优于氨基酸或蛋白质能够直接被吸收，有溶解性强、稳定性强、安全性高等特性。

目前玉米肽制备主要以玉米胚芽、玉米蛋白为原料。通过特定蛋白酶水解成小分子寡肽，经过过滤、精制、脱盐、脱色、蒸发喷粉，得到高纯度的玉

玉米低聚肽

米肽。

（4）玉米油生产加工

玉米油是常见的玉米加工方向之一，高油玉米的含油量可达8%～10%，是十分优良的油料作物。用高油玉米制作出来的玉米油中不饱和脂肪酸含量高达85%以上，还富含油酸和亚油酸，是一种良好的保健型油料。同时玉米油还可以进一步加工成玉米色拉油，含有天然的抗氧化剂，是很多油炸食品的首选油料。

制造玉米油，是玉米加工的又一重要成果。

工艺流程：净化──→浸泡──→破碎──→玉米胚芽

玉米油

——→预处理（洗涤筛选、磁选）——→热处理（调节水分）脱水、脱色——→过滤——→脱臭——→精炼玉米油。

4. 玉米其他生产加工

玉米被称为饲料之王。玉米籽粒不仅可以直接喂养家禽，也可以加工复合饲料。玉米的茎叶富含维生素，是多汁的青饲料。玉米茎秆经过贮藏发酵后，使粗老的茎秆软化，富含蛋白质和多种维生素，营养价值较高。经过微生物发酵作用，碳水化合物转化成乳酸，口感较好，容易被动物消化吸收。用于饲养牲畜、家禽，转化为肉、蛋、奶。人们在这些转化食物中看不到玉米的影子，却享受着它的奉献。

玉米秸秆加工成饲料的机械原理简单，操作方便，就是把秸秆粉碎成颗粒状，作为加工饲料的主要原料。加入其他如大豆、芝麻、棉籽、菜籽等炼油后的油饼，可以加工成饲料，价格便宜，营养丰富，普遍用来饲养牲畜、家禽，养鱼和其他水产类。

常见的用玉米秸秆生产饲料的设备，操作简单，在机器上面进料口放入秸秆，颗粒在出料口处出来。

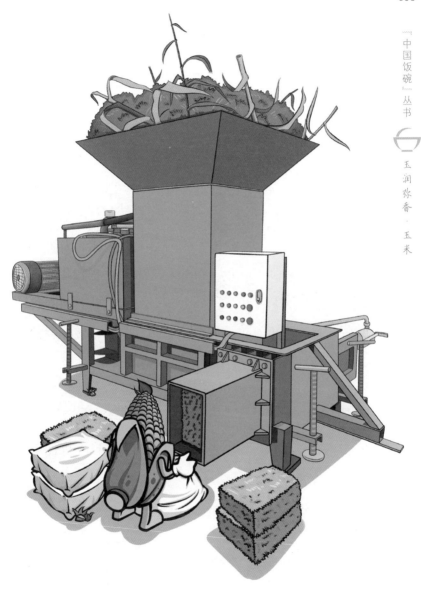

秸秆粉碎压块

根据实际需要，颗粒可控制大小。

秸秆、玉米穗轴还可加工生产玉米木糖醇，木糖醇可作为糖尿病人的糖替代，提升附加值，真正实现

玉米秸秆压块

玉米饲养猪牛

玉米饲养鸡鸭鹅

玉米饲养鱼

变废为宝。

　　玉米苞叶可编织成工艺品，还能加工成可降解环保餐具、优质纸浆等。

苞叶编织的工艺品

六、蒸煮烤爆 "玉"食好享

自从玉米来到中国后，几百年来，勤劳的人们发挥了美食家的智慧，创造出不计其数的各种美食。虽然玉米外表质朴，但可综合运用各种烹饪手段，使其充分绽放美色、释放美味，创造着人类美好的生活。

要真正做好一种美食，发挥出玉米的妙用，必须熟悉配料方案、火候把握、工艺流程、烹饪方法等，才能创造无与伦比的美味佳肴和无限美好的美食世界。

1. 蒸煮的不上火

蒸煮玉米方法简单，最好采用嫩玉米或者甜玉

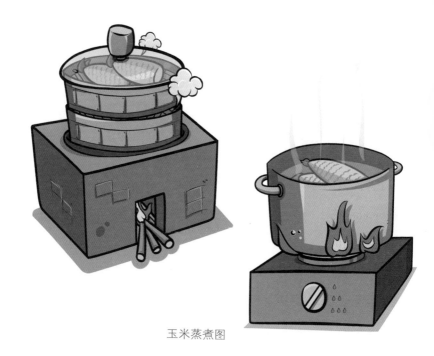

玉米蒸煮图

米，挑选玉米果穗时，最好选七八成熟的，可以用手掐一下，浆太多则太嫩；如不出浆，就说明玉米老了。有浆且颜色较白的，可以蒸或煮着吃，口感和营养最好。把挑好的玉米果穗去苞叶，清洗干净，放入锅中煮或者放入蒸笼中蒸，水开后再加热10分钟左右，拿出来自然降温到不烫嘴即可食用。这种蒸煮没有直接接触明火，能充分保持玉米营养，保留玉米本来的味道，黏中带甜，食用后不会上火。

2. 烤出来的美味

　　美味的烤玉米是人们喜爱的食物。挑选的玉米，既不能太嫩，也不能太老，水分适中。把选好的玉米放在锅里煮熟后，擦除表面多余水分，涂上黄油，放在裹有锡纸的烤盘上，放入烤箱里，表面烤出焦黄的颜色即可。也可以在炭火上烧烤，把玉米表面烤的焦黄，香气袭人，口感更好。每个人可根据自己的口感烤制不同的口味。提醒一点，烤玉米吃多了会上火。

3. 爆玉米花

　　爆玉米花很早以前就是人们的美食了，《本草纲目》中已有这样的记述："玉蜀黍……子亦大如棕

烤玉米

子，黄白色，可炸炒食之。炒拆白花，如炒拆糯谷之状。"足见，当时人们主要是将其当作零食，或炒或炸，类似于今天常见的爆玉米花。爆玉米花有传统的做法和现代做法，自己可以尝试做一做。

爆玉米花家庭做法：

① 根据家庭锅的大小，准备适量的玉米籽粒，一次不要太多，不然很容易导致较多玉米爆不开。

爆玉米花

② 在锅中倒入一勺食用油（也可以用黄油），中火加热10秒，将玉米籽粒入锅，搅拌使玉米籽粒被油均匀包裹。

③ 开中火，不停地搅拌，出现有爆裂声盖上锅盖。

④ 当玉米纷纷爆开时，可以轻轻地摇晃锅。玉米全部爆开后，即可出锅。

⑤ 锅里倒入适量清水，加适量的糖，中火加热至糖化冒细密的泡泡，关火，趁热将玉米花倒入，搅拌均匀。

老式爆米花机

⑥晾凉后，玉米花即挂好糖霜。

20世纪60年代，中国已经有了爆米花机，有些人拉着它走街串巷，帮人们爆米花，用得最多的就是玉米籽粒。一小碗玉米籽粒加适量白糖，就能够爆出一大袋又香又甜的玉米花，深受小朋友们欢迎。

4. 其他玉米食品

玉米食品种类很多，极大地丰富了人们的生活。这里介绍几种家庭常见玉米食品的做法。

（1）玉米粥

食材：玉米粉适量。

玉米粥

方法步骤：

① 玉米粉倒入碗中，用凉水搅拌成稀糊状备用。

② 锅里加入适量清水烧开。

③ 水烧开后，倒入玉米糊。

④ 用勺子不时搅拌几下，以免粘锅。

⑤ 开锅后3分钟即可关火。

（2）玉米饼

食材：玉米粉200克、小麦粉100克、甜玉米粒一碗、白糖适量、鸡蛋2个、酵母粉5克。

方法步骤：

① 将玉米粉、小麦粉和白糖一起放入盆内拌匀。

玉米饼

② 用干酵母5克，加温水（30℃～35℃）适量，溶化后，倒入盆内。

③ 放入鸡蛋和甜玉米籽粒，用筷子搅拌成黏稠糊状，放置温暖处40分钟～60分钟，使玉米糊充分发酵。

④ 平底不粘锅用小火烤干锅（不放油），锅热后，将汤勺用清水涮一下以防玉米糊粘勺，舀一勺发酵好的玉米糊，放入锅内摊平。

⑤ 等玉米糊底部烤干成型，加入适量冷水，盖上锅盖，炕3分钟～4分钟，等锅里水炕干，玉米饼底变脆即可。炕好的玉米饼底松脆，饼面金黄，切开里面有甜甜的玉米籽粒，香气扑鼻。

玉米发糕

（3）玉米发糕

食材：玉米粉500克、小麦粉500克、白砂糖适量、酵母适量、小苏打适量。

方法步骤：

① 玉米粉和小麦粉一起倒入盆中，加入适量的水，加适量的酵母，拌成糊状发酵一个小时左右。

② 加入小苏打，搅拌均匀以去除酸味，再加入适量的糖拌匀。

③ 蒸锅里添水加屉布，将锅里水烧开。

④ 水开后，将发酵好的面糊倒入盖上锅盖。

玉米发糕

⑤ 再次开锅后，继续蒸15分钟～20分钟就可出锅。出锅后，将发糕切成小块即可食用。

（4）玉米酪

食材：玉米籽粒适量、芒果一个、奶酪丝若干、芝士少许、淡奶油少许。

方法步骤：

① 将玉米籽粒洗净。

② 将洗净的玉米籽粒放入盘中，拌上淡奶油。

③ 将芒果切粒倒入盘中，搅拌均匀，撒上奶酪丝和芝士。

④ 烤箱预热，180℃烤15分钟即可。

玉米窝头

（5）玉米窝头

食材：玉米粉150克、糯米粉100克、白糖适量、水50克。

方法步骤：

① 将玉米粉和糯米粉一起倒入盆中搅拌均匀。

② 在混合粉中加入适量白糖，再加入纯净水，揉成面团。

玉米窝头

③ 手上蘸水，把面团做成若干个小窝窝头。

④ 蒸锅中放入凉水，将揉好的窝窝头放入蒸锅中，大火蒸30分钟即可。

（6）玉米糖

食材：甜玉米籽粒适量、冰糖适量、清水。

方法步骤：

① 把玉米籽粒洗干净。

② 将洗净的玉米籽粒倒进锅里，加上适量清水。

玉米糖

③大火烧5分钟。

④5分钟后，加适量冰糖。

⑤继续烧5分钟。

⑥将玉米籽粒捞出来尝一尝，熟了就可出锅。

冰糖也可以多放点，比较好吃哦！

（7）玉米饮料

食材：甜玉米粒（适量）、白砂糖（适量）、凉开水。

玉米饮料

方法步骤：

① 将甜玉米粒蒸熟。

② 把蒸熟的甜玉米粒放入果汁机中加入适量白糖和凉开水，打成汁。

③ 用细密的网筛过滤一遍即可。

玉米饮料在大小餐厅都很流行，有些家庭也会自己制作，它像流动的金水，不仅色泽诱人，味道更是独特。冬天喝热的，夏天喝冰镇的，那爽口劲儿，让人忍不住喝到肚圆，下次还想喝。

除了上述美食外，玉米还可以做成玉米沙拉、玉米小排、松子玉米等，玉米煲汤也很受欢迎。

松仁玉米

玉米小排

七、千秋万载 "玉"人共享

玉米从被驯化、种植和培育之日起，就受到人们的广泛喜爱，并不断地适应各种复杂的自然条件而逐渐演化成现代的栽培品种。玉米品质得到了改良，产量得到了提升，功能得到了拓展，在粮食大家族的地位得到了提升，同时也衍生出丰富的玉米文化。随着科学技术不断地进步，在保证粮食总量安全的同时，玉米的功能和文化内涵也会不断提升。

1. 玉米文化节

随着玉米品种持续研发改良，以不同品种的玉米为题材的玉米文化节在大江南北兴起，各地政府利用"文化搭台、经贸唱戏"，给玉米种植农户带来经济实惠，极大地激发农民种植玉米的积极性，"玉米文化廊""玉米迷宫"和"玉米产品体验馆"等玉米文化元素纷纷亮相各地"嘉年华"现场。

（1）甜玉米文化节

20世纪90年代，中国自主研发的甜玉米新品种在武汉地区试种推广。现在，武汉市汉南区种植了6万余亩甜玉米，是全国鲜食甜玉米综合生产标准示范区和中国最大的连片种植基地，衍生出甜玉米、糯玉米、彩玉米三大系列近30个品种，被誉为"中国甜玉米之乡"。武汉市汉南区举办的甜玉米文化节，吸引很多人参与，产品销售至国内30多个省市，供不应求，效果凸显。

（2）鲜食玉米节

由相关部门联合举办的"中国北京鲜食玉米大会暨北京鲜食玉米节"同样吸引了很多人参加。玉米大会还在通州、延庆、房山、昌平、海淀、密云等北京鲜食玉米主产区设有分会场，玉米品种达15个，类型涵盖了甜玉米、糯玉米、甜加糯玉米，颜色有白色、

玉米文化

黄白双色、黄色、黑色、紫色及彩色。

此外，还有"绥化·海伦青冈鲜食玉米节""东北玉米节""云南玉米节"等等，各地围绕"农业加旅游"发展模式，创新乡村旅游要素，聚力培育生态观光游、民俗体验游、休闲采摘游、度假养生游等乡村旅游业态，谋划建设了"玉米小镇"、玉米采摘和鲜食玉米农家乐等旅游项目。积极践行农业、文旅、生态融合发展理念，探索创建玉米主题特色发展模式。

2. 玉米故事

与玉米有关的传说很多，流传的故事也很多，如狗熊掰棒子（玉米）、金色的玉米、猴子兄弟种玉米等。

3. 未来展望

在玉米刚刚踏入中国的土地时，虽然受到人们的喜爱，多地都有种植，但那时候社会生产力水平低下，玉米的家族繁衍受限，总产量与人们的需求相比少得可怜，人们总是在饥饿中挣扎求生，每一粒都是

狗熊掰棒子（玉米）

金色的玉米

1.

3.

猴子兄弟种玉米

人们的宝贝。人们爱惜玉米，绝不浪费，掉在地上的籽粒也会被一颗颗捡起来。由于当时技术水平太低，加上地主的盘剥，人们没日没夜地劳动，也不能保证自己和家人不受饿。真是"四海无闲田，农夫犹饿死"。

新中国成立以后，随着农业科技的发展，各种粮食的种植都达到了较高水平，粮食产量连创新高，人们实现了温饱，全面建成小康社会。人们开始追求生活质量，追求食物的多样性。玉米不再作为主要口粮，而是作为饲料加工、白酒制造、生物制药等原料，功能实现了转化。现在可以穿玉米纤维做的衣服，吃由玉米加工的保健品，使用以玉米为原料做的家具，玉米发挥了更大的作用。

今后，中国玉米产业的发展可能以专用化、多样化的市场需求为导向，以提高玉米产业总体效益，以提升玉米质量和降低生产成本为核心，以优化玉米品种结构和提高玉米转化能力为重点。节本增效、提质增效、提高综合效益，提升新品种的适应能力、病虫害抵御能力，创新选育优良品种。突出饲用玉米、工业加工玉米，实现专用玉米区域化布局、规模化生

玉米纤维

以玉米为原材料做的鞋

玉米纤维制成的衣服

以玉米为原料做的家具

以玉米为原料做的一次性餐具

产、智能化管理、产业化经营，加快形成具有国内外市场竞争力的专用玉米产业带。

也许随着人类对宇宙空间的探索领域逐步扩大，其他星球能找到适合玉米生长的环境条件，玉米品种、质量和发展可能会得到长足的优化。

4. 爱惜玉米

随着生活水平的提高，餐桌上的食物多了，在日常生活中，出现了浪费食物的现象。有些吃剩下的白花花的米饭、馒头就倒掉了。"一粥一饭，当念来处不易；半丝半缕，恒念物力维艰。"我们吃的每一粒粮食、穿的每一件衣服，都凝聚着劳动者烈日下耕耘的心血，都是劳动者千辛万苦劳动换来的。理应当珍惜粮食，爱惜粮食。

要清醒认识到，我国有些粮食还需要进口才能填补品种上的、数量上的缺口。同时，我国是人口大国，人均耕地面积比较低。因此，我们更应该节粮爱粮。

"五谷者，万民之命，国之重宝。"国家一直在采取综合措施降低粮食损耗和浪费，坚决刹住浪费粮

玉米未来展望

食的不良风气，开展"光盘行动"，大力整治"舌尖上的浪费"。"俭以养德"是诸葛亮的一句名言，勤俭节约不仅能积累财富，还能培养艰苦创业的精神和奋发向上的品质。勤俭节约、艰苦奋斗的传统更是中华民族的"传家宝"，节约粮食意义深远。中国人的饭碗必须牢牢端在自己手中，还要装自己生产的粮食。

随着生活水平逐步提升，营养过剩的现象出现了，肥胖的人也多了，高血压、糖尿病、高脂血症等相关慢性病也随之而来，都是因为人们盲目追捧所谓

浪费粮食可耻

光盘行动

过度肥胖

的"高营养"。健康饮食，合理选择食物，对自己身体健康负责，要保证吃得安全、吃得健康。

"民以食为天"，粮食安全是幸福生活的根本。节约粮食、拒绝浪费更已成为当今社会的新风尚。粮食安全事关国计民生，关系人类的未来。玉米是中国粮食的主力军，我们理应倍加珍惜。爱惜粮食，珍惜粮食，让我们争做爱粮节粮的倡导者，让我们争做爱粮节粮的践行者，让我们争做爱粮节粮的宣传者。

嗨，玉哥感谢你！

后记

　　在编写《玉润弥香·玉米》的过程中，我领悟到了责任与荣幸。师高民教授主编的"中国饭碗"丛书，主旨向青少年普及粮食知识，倡导珍惜粮食。该丛书应时而生，必将影响深远。我有幸能够跻身作者队伍，深感责任重大；并能够有机会向全国粮食学界众多专家学习，深感荣幸。同时深深体会到了"学而后知不足，教而后知困"的真谛。当初的踌躇满志荡然无存，仅剩下对"节粮爱粮"的责任驱使，方得成稿。

　　《玉润弥香·玉米》的编写历时两年，我翻阅大量的文献，求教多位专家教授，书稿几经修改，终于付梓。在本书编写的过程中，得到了多位朋友、专家的帮助和支持，在此一并表示深深的谢意。

　　由于本人学识和水平有限，在编写本书时，深感知识储备之不足，语言描绘之乏力，书中可能会存在一些瑕疵，敬请读者批评指正。

赵云平